Mein Garten im Herbst

VERONIKA SCHUBERT

Mein Garten im Herbst

Servus DAS GROSSE KLEINE BUCH № 030

Inhalt

Mein Garten im Herbst

Ein Herbstgarten ist der Lohn der arbeitsreichen Frühlings- und Sommermonate. Er bietet alles – reiche Ernte von süßen Früchten, letzte Gemüse, ein glühendes Farbenspiel der Blätter und die blühende Üppigkeit der späten Stauden. Dahlien zeigen sich bunter denn je und in ihren vielfältigen Formen, gelb leuchten Sonnenhut und Sonnenblumen. Elegante Anemonen, verspielte Astern und die Fetthenne mit ihren Blüten in leuchtendem Rosa und gefärbtem Laub lassen vergessen, dass sich die Natur schon bald zur Ruhe begeben wird.

Die vollendete Schönheit des Herbstgartens mag auch oder gerade an seiner Vergänglichkeit liegen. Es sind letzte Momente, die mit den rot-orangefarbenen Blättern der Ahornbäume,

Warme Brauntöne und goldenes Licht prägen den Herbstgarten.

leuchtenden Vogelbeeren und mit von Reif überzogenen Spinnennetzen, die im Gegenlicht glitzern und den Altweibersommer ausklingen lassen, verzaubern. Die grellen Farben weichen warmen Brauntönen. Alles glänzt golden und doch wird die Natur stiller. Eine reife Zeit im wahrsten Sinne des Wortes ist angebrochen.

Neben Stunden der Muße und des Genießens heißt es, noch einmal ordentlich anzupacken, denn jetzt ist die beste Pflanzzeit für Bäume und Sträucher und auch für alle Stauden. Die bezaubernden Gartenbilder der späten Jahreszeit werden mit diesen letzten Handgriffen in Gedanken schon von Bildern des kommenden Frühlings abgelöst. Der Herbst schenkt gärtnernden Menschen dabei tiefe innere Zufriedenheit und Zuversicht, denn es warten bereits inspirierende Gartenbücher und winterliche Stunden zum Träumen.

Die Vogelbeeren
leuchten, Spinnennetze
glitzern im Gegenlicht.

September
Was du sagst, verweht im Wind.
Nur was du tust, schlägt Wurzeln.
K. H. WAGGERL

Reiche Ernte

Äpfel, Birnen, Zwetschken – jetzt hat die Erntezeit ihren Höhepunkt erreicht. Einiges wird gleich gegessen, vieles aber eingekocht, um auch in den Wintermonaten noch davon zu zehren. Gleichzeitig beginnt schon wieder das nächste Gartenjahr. Denn jetzt heißt es, den Frühling planen, Zwiebelblumen pflanzen, Stauden setzen. Die Pflanzen wachsen noch gut an, bilden viele Wurzeln und haben in der kommenden Saison einen klaren Startvorteil.

Jetzt den Frühling pflanzen!

Die meisten Blumenzwiebeln müssen im Herbst in den Boden, um im Frühling ihre Köpfchen aus der Erde zu recken. Wer diese Arbeit rechtzeitig erledigt, vermeidet es, zu spät im Jahr mit klammen Fingern und in letzter Sekunde pflanzen zu müssen. Empfehlenswert sind verwildernde Zwiebelblumen, die,

Früchte und bunte Blütenpracht – üppig geht das Gartenjahr zu Ende.

einmal gesetzt, jedes Jahr aufs Neue treiben und sich auch selbst verbreiten. Wilder Krokus in der Blumenwiese oder botanische Tulpen an Beeträndern können sich flächig ausbreiten. Auch der Winterling bedeckt das Erdreich unter Gehölzen mit einer Decke aus gelben Blüten.

Höhepunkt der Dahlien

Die bunten Dahlien blühen dann, wenn viele andere Stauden und Zwiebelgewächse ihren großen Auftritt bereits hinter sich haben. Jetzt im September kann man aus dem Vollen schöpfen und farbenprächtige, schöne Sträuße binden. Schneiden Sie nur aufgeblühte Blumen ab, denn die Knospen öffnen sich in der Vase nicht mehr. Die weichen Stiele der Dahlien halten länger, wenn sie nur ein paar Zentimeter hoch im Wasser stehen.
Im Garten werden die Knollen aus der Erde genommen, wenn der erste Frost die letzten Blüten und Blätter erwischt hat. Dahlienknollen werden in einem frostfreien Raum und trocken überwintert.

Dahlien lohnen die Mühe
und dürfen in keinem
Herbststrauß fehlen.

Der Japanische Ahorn überzeugt mit prachtvoller Blattfärbung.

Ahorn im Farbenrausch

Der Japanische Ahorn (Acer japonicum) zählt zu den schönsten Ziergehölzen im Herbst. Das geschlitzte Laub färbt sich meist Ende des Monats von orangegelb bis flammend rot. Damit die spektakuläre Herbstfärbung und der malerische Wuchs so richtig zur Geltung kommen, erhält der Japanische Ahorn am besten einen Einzelplatz, unbehelligt von anderen Gehölzen. Er kommt in jedem normalen Gartenboden in sonniger Lage zurecht. Die Auswahl an Sorten ist groß.

Stauden teilen

Wenn sie überaltert sind oder zu beengt stehen, tut Stauden eine Teilung gut – bei frühjahrs- und sommerblühenden ist das jetzt möglich, herbstblühende teilt man aber besser im Frühjahr. Schneiden Sie das Blattwerk zurück, stechen Sie den Wurzelballen großzügig aus und teilen Sie ihn mit dem Spaten. Füllen Sie das neue Pflanzloch mit lockerer Pflanzerde. Bei den meisten Stauden sitzen die Austriebsknospen direkt unter der Erdoberfläche, deshalb nicht zu tief setzen. Mit Erde auffüllen, festtreten und gut angießen.

Kletternde Waldreben

Große Flächen zu begrünen, das schafft auch die heimische Alpen-Waldrebe (Clematis alpina), und zwar deutlich besser als ihre groß-

Waldreben blühen reich, aber mit kleineren Blüten als Clematis-Hybriden.

blütigen Verwandten. Von April bis Juni trägt sie glockenförmige Blüten in großer Zahl, meist blauviolett, manchmal auch weiß. „Frances Rives", eine blauviolette, reichblühende Sorte, ist besonders trockenheits- und schattenverträglich und erfreut mit einer Nachblüte im August. Die Sorte „White Moth" trägt weiße, leicht gefüllte Blütenglocken und zeigt einen üppigen Wuchs.
Wer auf Bodenständigkeit setzt, wird die Alpen-Waldrebe vom ersten Augenblick an mögen, zeichnet sie sich doch wie viele heimische Pflanzen durch besondere Robustheit und Frostverträglichkeit aus. Sie widersteht auch der gefürchteten Clematiswelke, einer Krankheit, die großblütige Hybriden oft befällt.
Ende des Jahres ziehen die Alpen-Waldreben noch lange Blicke auf sich: Die haarbüschelähnlichen Samenstände sind ein hübscher Winterschmuck im Garten.

Haarige Fruchtstände

Bei manchen haarigen Fruchtständen muss man schon etwas genauer hinsehen, um sie zu entdecken: etwa bei der Kuhschelle (Pulsatilla vulgaris). Die in der Natur streng geschützte Pflanze entwickelt ihre fedrigen Haarbüschel, die an einen kleinen Besen erinnern, in sonnigen Steingärten, Trockenmauern und auf Böschungen. Einst fand man sie aber gar nicht hübsch, sondern sogar unheimlich und gab der kleinen Pflanze auch die Namen „Teufelsbart" und „Bocksbart".

Manche Stauden bilden haarige Fruchtstände, um ihre Samen zu verbreiten.

Ebenso vielgestaltig wie die Blüten sind auch die Frucht- und Samenstände der Astern – von kleinen silbrigen Sternchen der Waldaster (Aster divaricatus) bis zu den wolligen Samenständen der Sommeraster (Aster umbellatus).
Von August bis Oktober bringen die weißen oder rosafarbenen Schalenblüten der Herbstanemonen (Anemona japonica) Lichtpunkte ins Staudenbeet und unter Gehölze. Später sind auch ihre wolligen Samenstände sehenswert.

Ein Gewächshaus kann im Winter Quartier für Kübelpflanzen sein.

Kübelpflanzen einwintern

Die Herkunft der Kübelpflanzen gibt Aufschluss darüber, wie viel Kälte sie aushalten. Sträucher aus tropischen Regionen können den Winter in unserer Klimazone im Freien nicht überdauern. Während Zitruspflanzen spätestens Ende des Monats ins Haus müssen, soll Oleander noch einige Wochen länger im Freien bleiben, denn ihm schaden Temperaturen um die Nullgradgrenze nicht. Im Gegenteil: Die Triebe werden dann härter, und die Pflanzen gehen kräftiger in den Winter.

Ein guter Ort für die Überwinterung von Kübelpflanzen ist ein heller, kühler, schwach beheizter Raum. Ideal sind Temperaturen zwischen 8 und 15° C. Schneiden Sie alle Gewächse um etwa ein Drittel zurück, damit sie auch auf kleinem Raum untergebracht werden können, und prüfen Sie die Pflanzen dabei gleich sehr genau auf Schädlingsbefall und Krankheiten. Betroffene Triebe großzügig wegschneiden!

Komposthaufen anlegen

Wählen Sie den Ort so aus, dass sich Nachbarn nicht vom Komposthaufen belästigt fühlen. Ein halbschattiger, windgeschützter Platz in Küchennähe ist gut geeignet. Verbannen Sie den Kompost nicht in die dunkelste Gartenecke, denn ohne ausreichende Wärme kommt er nicht in Schwung. Der Kompost muss Erdkontakt haben, damit Bodenlebewesen wie Asseln und Regenwürmer einwandern und den Verrottungsprozess in Angriff nehmen können.

Gründüngung wirkt Wunder

Abgeerntete Beete müssen nicht kahl in den Winter gehen. Säen Sie Gründüngungspflanzen aus. Sie verhindern, dass sich Unkräuter ansiedeln, lockern mit ihren Wurzeln den Boden auf, schützen ihn vor Erosion und erhöhen Humusgehalt und Fruchtbarkeit.

Die Gründüngungspflanzen entnehmen dem Boden Restnährstoffe und konservieren sie in ihrer Pflanzenmasse. Im Frühjahr, nach dem Einarbeiten der Pflanzen in den Boden, werden die Nährstoffe wieder freigesetzt und stehen dem angebauten Gemüse zur Verfügung.
Bis Mitte September kann man noch Lupinen, Bienenfreund, Studenten- und Ringelblumen säen.

Reifer Mais

Der köstlich süße Zuckermais ist reif, wenn die heraushängenden Samenfäden schwarzbraun gefärbt sind. Gekocht werden die Kolben etwa 15 Minuten in leicht gezuckertem Wasser. Erst dann mit Salz und Pfeffer würzen! Fügt man das Salz bereits dem Kochwasser zu, werden die Schalen hart, und das Salzwasser entzieht den Körnern den süßen Geschmack.

Rote Rüben

Die mit dem Mangold nahe verwandten Roten Rüben stammen ursprünglich aus dem Mittelmeerraum und haben sich erst im 18. Jahrhundert bei uns etabliert. Unversehrt geerntet, sind sie ein gutes Lagergemüse und daher fixer Bestandteil in der Vorratshaltung. Rote Rüben können mit etwas Rettich, Zwiebel,

Karotten dürfen einander bei der Einlagerung nicht berühren.

Salz und Gewürznelken wie Kraut sauer eingelegt werden. Der intensiv färbende, gesunde Saft eignet sich zum Färben von Nudeln, aber auch von Textilien.

Obst und Gemüse lagern

Wurzelgemüse sollte in Kellern mit zu niedriger Luftfeuchtigkeit schichtweise in feuchten Sand eingeschlagen werden, da es leicht austrocknet. Vermeiden Sie das Waschen der Wurzeln vor

dem Einlagern und achten Sie darauf, dass Karotten, Pastinaken und Petersilwurzeln einander beim Lagern nicht berühren. Sie können zusätzlich mit Wasser gefüllte Kübel, die Feuchtigkeit an die Luft abgeben, im Keller aufstellen.
Obst und Gemüse darf nicht zusammen gelagert werden, da Obst das Reifegas Äthylen absondert. Liegt das Gemüse gleich daneben, wird der Reifeprozess beschleunigt, und die Lagerzeit verkürzt sich deutlich.
Der beste Lagerraum ist ein Erdkeller: Er ist auf gewachsenem Boden gebaut, meist auf gestampftem Lehm. Die Luftfeuchtigkeit bleibt beständig bei etwa 80 %, die Lagertemperatur um die 5° C, sie steigt nicht über 10° C und sinkt auch nicht unter 0° C.

Himbeeren bis zum Frost

Früher wurden Himbeeren ausschließlich im Sommer geerntet. Herbsthimbeeren führten ein Schattendasein. Die Sorte „Autumn Bliss“ aber eroberte Markt und Gärten. Rutenkrankheit, Virusbefall und wurmige Früchte gehören seither der Vergangenheit an. Außerdem tragen im Herbst reifende Sorten an den Ruten, die im Frühjahr aus dem Boden wachsen. Es entfällt das mühevolle Anbinden und Ausschneiden. Herbsthimbeeren werden nach der Ernte einfach bodeneben abgeschnitten. Als Gerüst genügt ein 60 cm breiter und 90 cm hoher Holzrahmen, der mit grobmaschigem Draht bespannt wird.

Obst am Spalier

Spalierobst ist vor allem in kleinen Gärten freistehend oder an der Hauswand eine Alternative zu großen Obstbäumen. Der Abstand zu einer Wand sollte ausreichend groß sein, damit die Wurzeln genügend Platz zur Verfügung haben. Befinden sich die Wurzeln entlang der Hausmauer im Regenschatten, muss öfter gegossen werden.

In Österreich sollten Marillen an der West- oder Ostseite gepflanzt werden, denn an der scheinbar besseren Südseite kommt es zu einem frühen Austrieb, der dann frostgefährdet ist. Verzichten Sie in den ersten zwei bis drei Jahren auf die Früchte und brechen sie alle aus. Dann entwickeln sich die Pflanzen gleichmäßiger und kräftiger. Pro Blütenstand sollte sich auch später zugunsten der Größe nur eine Frucht entwickeln.

Kleine Streubobstwiese

Wie Felder und Bauerngärten prägen Streuobstwiesen die Landschaft in Österreich. Rund um Höfe sind sie ein wichtiges Kul-

Birnen am Spalier tragen reich und begrünen auf charmante Weise die Mauer.

Streuobst fällt vom Baum: Zeit für die Herstellung von Saft und Most!

turgut geworden. Auch im Garten lässt sich ein Bereich als Streuobstwiese gestalten, und das bietet viele Vorteile: Tiere finden Unterschlupf und Lebensraum, Obstbäume bringen reiche Ernte und die Blumenwiese darunter Artenvielfalt. Eine Streuobstwiese verzaubert im Frühjahr mit ihren Blütenwolken der Bäume, im Sommer mit der bunten Pracht der Wiesenblumen und im Herbst mit köstlichen Früchten. Das extensiv gezogene Obst ist garantiert biologisch und lässt sich auch zu Saft und Most verarbeiten.

CHECKLISTE

Was im September noch zu tun ist

- *Der September ist ein guter Zeitpunkt, um an Marillen und Pfirsichen einen Verjüngungsschnitt vorzunehmen.*
- *Walnüsse werden dann geerntet, wenn sie zu Boden fallen und die grünen Schalen aufplatzen.*
- *Die Raupen des Frostspanners können im Frühling ganze Bäume kahlfressen. Vorbeugen kann man im Herbst mit Leimringen an den Baumstämmen. Die flugunfähigen Weibchen bleiben daran kleben.*
- *Jetzt ist die beste Zeit, um Stauden zu pflanzen. Die heiße Witterung und das starke Pflanzenwachstum sind vorbei, der Boden ist aber noch warm genug, um das Wurzelwachstum anzuregen.*
- *Auch frostharte immergrüne Laubgehölze und Koniferen werden im September gesetzt, denn sie müssen noch gut einwurzeln, da sie auch im Winter Wasser verdunsten und sonst leicht vertrocknen können.*

Oktober

Auch der schönste Sommer will einmal Herbst und Welke spüren.

HERMANN HESSE

Farbenpracht

Strahlend gelb, orange und leuchtend rot färben sich nun die Blätter der Bäume und Sträucher. Das sanfte Licht wirft in dieser Jahreszeit einen goldenen Schimmer über den Garten. Während noch ein letztes Mal intensiv gegärtnert wird, bleibt Zeit, über das faszinierende Naturschauspiel zu staunen. Dieses Glühen der Pflanzen gleicht einem Feuerwerk, prägt sich als wunderbare Erinnerung ein und wird im Winter die Gärtnerseele wärmen.

Buntes Laub

In welchen Tönen Bäume und Sträucher im Herbst ausfärben, ist genetisch festgelegt. Auch, dass sie es überhaupt tun. Während

Atemberaubend schön
ist das Farbenspiel
der Blätter im Herbst.

die Blätter des Gingko ohne Übergänge einfach gelb werden, zeigt die Felsenbirne im Laufe des Oktobers Schattierungen von Gelb über Orange bis Braun, der Wilde Wein wiederum glüht rasch in leuchtendem Rot. Aber es gibt auch Pflanzen, die hartnäckig grün bleiben. Esche, Erle und Holunder färben nur selten ihre Blätter noch am Baum, sie werfen sie großteils grün ab.
Laub ist sehr wertvoll für den Garten, es wird gemischt mit Rasenschnitt, kleinen Ästen und Bioabfällen im Kompost gesammelt. Unter Sträuchern und Bäumen darf es liegen bleiben und gibt eine gute schützende Mulchschicht ab. Vom Rasen werden die Blätter aber immer entfernt, denn dort könnte sich Schneeschimmel bilden.

Torfersatz fürs Moorbeet

Aus den schwer verrottenden, gerbstoffhaltigen Blättern der Eiche, Walnuss und Kastanie lässt sich ein eigener Laubkompost herstellen. Die Rottezeit beträgt allerdings bis zu zwei Jahre. Dann aber entsteht saurer Humus, der als Torfersatz im Moorbeet zwischen Rhododendren und Azaleen und auch als Erde für Heidelbeeren dienen kann.
Vorsicht ist bei krankem Laub (Rosenblättern mit Pilzkrankheiten oder auch von der Miniermotte befallenen Kastanienblättern) geboten. Dieses sollte keinesfalls auf den Kompost!

Aus reinem Laubkompost entsteht saurer Humus für das Moorbeet.

Leuchtende Lampionblume

Bizarr, wie aus orangefarbenem Seidenpapier gebastelt, präsentieren sich jetzt die Früchte der Lampionblume (Physalis alkekengi). In den knalligen Blasen befinden sich die eigentlichen kugeligen Früchte des Nachtschattengewächses. Faszinierend ist es, wenn die Blasenfrüchte allmählich ihre Farbe verlieren und im Spätherbst schließlich nur mehr Laternen aus filigranem Netzwerk zeigen. Zuvor aber leuchten sie aus den letzten Winkeln im Garten auch bei Schlechtwetter noch fröhlich hervor und putzen herbstliche Gestecke auf. Getrocknet werden Lampionblumen an einem warmen Ort, aber nicht in praller Sonne, denn dann würden sie ausbleichen. Ein Strauß in einer Vase ohne Wasser trocknet langsam, und die kräftigen Farben bleiben in den Wintermonaten dann lange erhalten.

Später Fruchtschmuck

Auch dieser Strauch fällt garantiert auf! Der Liebesperlenstrauch (Callicarpa bodinieri) schmückt sich mit zahlreichen kleinen Kügelchen in knalligem Violett, während die lila Blüten davor eher unscheinbar waren. Die auffälligen Früchte bleiben bis in den Winter hinein am Strauch und machen ihn zu einem Blickfänger im spätherbstlichen Garten. Das Gehölz wird maximal 3 m hoch und passt daher auch gut in Vor- und Reihenhausgärten. Hier braucht

Die lila „Liebesperlen" ziehen noch spät im Jahr alle Blicke auf sich.

„Gräser sind das Haar der Mutter Erde", sagte der Staudengärtner Karl Foerster.

es einen sonnigen, warmen und windgeschützten Platz und durchlässig-humosen Boden, um sich prächtig zu entwickeln. Wie auch für alle anderen Laubgehölze ist der Oktober eine gute Pflanzzeit.

Ziergräser pflanzen

Der Winterschutz für Gräser beginnt schon beim Setzen: Verwenden Sie im Herbst keinen Dünger und decken Sie die Erde um die Gräser mit Mulch ab. Lassen Sie aber der Pflanze noch

genügend Luft. Zu stark abgedeckte Gewächse könnten verfaulen. Regnet es im Herbst nur wenig, müssen Sie die frisch gesetzten Stauden einmal pro Woche gießen. Und auch den Winter über wird von Zeit zu Zeit gegossen, wenn der Boden frostfrei ist. Nach etwa zwei Jahren am Standort ist die Bepflanzung dann gut eingewachsen und etabliert.

Bezaubernde Wildtulpen

Die allseits bekannten Tulpen haben auch kleine, wilde Verwandte, die mit besonderem Charme und unkomplizierter Pflege bezaubern. Obendrein blühen die Wildtulpen früher als die großen Gartensorten und tragen zum Teil mehre Blüten je Zwiebel, die Zwergstern-Tulpe (Tulipa tarda) zum Beispiel bis zu acht duftende weiße Blüten mit gelber Mitte. Solange der Boden nicht gefroren ist, können Sie Tulpen noch pflanzen. Etwa doppelt so tief wie die Zwiebel groß ist, wird sie in die Erde oder in Töpfe mit einem Abzugsloch gelegt. Wildtulpen lieben sonnige Standorte und durchlässige Böden, auch im Topf. Nässe ist unbedingt zu vermeiden, und ein trockener Boden im Sommer sorgt dafür, dass die Zwiebeln sich gut entwickeln und auch im nächsten Jahr wieder blühen.

Es ist nun höchste Zeit, Zwiebeln zu pflanzen.
Was wäre ein Frühling ohne Tulpen?

Zeit für die Rosen

Die beste Pflanzzeit für Rosen ist jetzt, im Oktober und November. In sehr frostgefährdeten Gebieten setzt man sie besser erst im Frühjahr, die Blüten kommen dann allerdings auch etwas später. Die tiefwurzelnden Gewächse brauchen humose und nährstoffreiche Böden. Kompost gibt den Pflanzen ausreichend Kraft, Sand lockert das Erdreich. Eingekauft werden Rosen im Topf oder günstiger mit nackten Wurzeln, die im Herbst besonders gut anwachsen. Vor dem Einpflanzen alle Triebe auf etwa 20 cm zurückschneiden, die Wurzeln leicht beschneiden, dann gut wässern und anschließend so setzen, dass die Veredlungsstelle etwa 5 cm unter dem Boden bleibt; zuletzt anhäufeln, um die Triebe vor den Winterfrösten zu schützen.

Gartenteich einwintern

Ist der Gartenteich mehr als 75 cm tief, friert er auch bei langen Frostperioden nicht bis zum Grund zu, und Fische können darin überwintern. Die Wintervorbereitung umfasst dann nur das Säubern von abgestorbenen Pflanzenteilen (abschneiden und abfischen) und das Einwintern von Pumpen, Filtern und anderer Teichtechnik. Ist der Teich von Bäumen umgeben, erleichtert ein Netz, das man vor dem Laubfall über den Teich spannt, die Arbeit.

Der Kalkanstrich bewahrt die Bäume im Winter vor Frostrissen.

Schutz für Bäume

Wenn die Wintersonne die Stämme erwärmt, ehe in der Nacht der Frost kommt, können durch die Temperaturunterschiede Frostrisse entstehen. Ein Kalkanstrich beugt Rissen vor. Die spezielle Farbe ist im Fachhandel erhältlich, lässt sich aber auch selbst herstellen: In Schachtelhalmbrühe wird Lehm- oder Tonerde, etwas Kalk und eine Handvoll Urgesteinsmehl eingerührt. 24 Stunden ruhen lassen und mit einem Pinsel auf die Baumstämme auftragen, die man zuvor mit einer groben Bürste gereinigt hat.

Im Herbst sucht der Igel nach einem geeigneten Winterquartier.

Igel schützen

Gefahrenquellen für Igel und andere kleine Tiere sind offene Fensterschächte (mit Gitter abdecken!), Gartenteiche und Swimmingpools (einen starken Ast als Ausstiegshilfe hineinlegen!) und dichte Zäune (Schlupflöcher bieten!).
In der kalten Jahreszeit halten Igel Winterschlaf, bei dem sie Körpertemperatur und Pulsfrequenz stark absenken. Mit einem trockenen Nest (Laub- und Asthaufen, Holzstapel, Igelhaus) und reichlich Fettreserven überstehen sie ihn gut. Findet man

im Herbst junge Igel, sollte man sie nicht ins Haus holen. Hilfreicher ist es, ihnen Katzenfutter oder Haferflocken mit Rührei (ungesalzen) anzubieten, damit sie Reserven aufbauen können.

Dirndln, die man essen kann

Egal, ob der Volksmund von Dirndlstrauch, Dirlitze oder Herlitze spricht – gemeint ist immer die Kornelkirsche (Cornus mas), ein Wildstrauch, der auch jedem Garten Ehre macht. Oft schon im Februar und lange vor der Forsythie zeigt er seine goldgelben Blüten. Das süß-säuerliche, an Weichseln erinnernde Fruchtfleisch der vitaminreichen roten Dirndln schmeckt sowohl frisch verzehrt als auch zu Saft, Gelee, Kompott oder Marmelade verarbeitet. Doch nicht nur lukullische, auch ökologische Aspekte

Aus den Früchten der Kornelkirsche entstehen bald allerlei Köstlichkeiten.

sprechen für das Pflanzen dieses Strauchs im Garten. Die nektar- und pollenreichen Blüten sind im Frühling neben denen der Salweide die erste Nahrung für Bienen.

Abwechslung mit Goji-Beeren

Die Goji-Beere, auch Bocksdorn genannt, ist einen Versuch sicher wert. Der Strauch mit den roten, süß-säuerlich schmeckenden und vitaminreichen Früchten braucht einen sonnigen Standort und reichlich Wasser, dann fühlt er sich auch in einem Topf am Balkon wohl (mindestens 10 Liter Volumen). Regelmäßiger Rückschnitt nach der Erntezeit, die im Oktober endet, fördert den Ertrag – mit mindestens 1 kg Früchte je Pflanze kann man rechnen.

Frostharte Mini-Kiwi

Honigbeeren, auch Mini-Kiwi genannt, können mit Schale gegessen werden. Die kleinen Schwestern der Kiwi (Actinidia arguta und Actinidia kolomikta) tragen nur stachelbeergroße Früchte, einige Sorten sind bis –30° C winterhart. Die Mini-Kiwi „Weiki“ benötigt zudem, anders als bei Kiwis sonst, keine männliche Befruchtersorte.

Die Blüten von Knolau passen gut in den Salat, seine Triebe in die Suppe.

Schnittlauch oder Knoblauch?

Er sieht ähnlich aus wie Schnittlauch und schmeckt wie Knoblauch, verwandt ist er mit beiden: der Knolau (Allium tuberosum). Das Zwiebelgewächs wird auch als Chinesischer Schnittlauch, Schnittknoblauch oder Chinalauch bezeichnet, denn schon seit Jahrhunderten wird es in Ostasien kultiviert und ist dort eine wichtige Würzpflanze. Die Pflanzen sind bei uns winterhart und mehrjährig, was bei Gemüse selten der Fall ist. Einmal gesät (zwischen März und August), erntet man frische Triebe von April bis Oktober.

Würze im Winter

Um auch in der kalten Jahreszeit drinnen Schnittlauch ernten zu können, lässt man einen Horst das Jahr über wachsen, ohne die Halme zu schneiden. Im Herbst ziehen diese ein. Ende Oktober wird die Pflanze mit dem Spaten ausgestochen und im Freien gelagert, damit sie der Frost erwischt. Danach in Töpfe pflanzen und am Fensterbrett frisch antreiben.

Hochbeet für Heidelbeeren

Ein ca. 50 cm hohes Hochbeet wird mit einer Schicht aus Gehölzschnitt und darüber mit einem lockeren, unbedingt kalkfreien Gemisch aus Sand und Laub- oder Rindenkompost befüllt. Auch Rhododendronerde kann beigemischt werden. Bei der Pflanzung im Frühjahr setzt man die Pflanzen nur so tief ein, dass die Oberkante des Topf- oder Erdballens ein bis zwei Finger breit aus der Erde herausschaut und häufelt sie 10 bis 15 cm hoch mit dem Rindenmulch an.

CHECKLISTE

Was im Oktober noch zu tun ist

- *Winterportulak kann noch gesät werden, denn er verträgt bis –10° C. Nach ca. acht Wochen werden die Blätter geerntet und wie Blattspinat oder Salat zubereitet.*
- *Wird es nachts kälter und fallen die Temperaturen unter 10° C, stellen Tomaten ihr Wachstum ein und werden auch beim Nachreifen im Haus nicht mehr rot. Rechtzeitiges Ernten verhindert auch das Aufplatzen der Früchte.*
- *Knoblauch schützt Nachbarpflanzen vor Schädlingen und Krankheiten. Die Zehen mit der Spitze nach oben ca. 5 cm tief in lockeren, humusreichen Boden stecken.*
- *Kürbisse brauchen warme, trockene Lagerräume und Temperaturen über 10° C, damit sie lange halten. Die relative Luftfeuchtigkeit sollte nicht mehr als 60 % betragen.*
- *Obst soll in den Morgenstunden geerntet werden, dann sind die Früchte voller Wasser und besonders saftig. Lange Fingernägel, Druck und Werfen verursachen leicht Schadstellen. Lösen Sie das Obst mit einer drehenden Bewegung vom Holz.*

November

Wenn zu Martini Nebel sind,
dann wird der Winter meist gelind.

Gartenabschied

Mystisch legt sich zunehmend Nebel über die Beete und hüllt den Garten in weiche, undurchsichtige Watte. Erkennbar sind nur noch Konturen, und manchmal blitzen darin letzte Blüten und Früchte auf, die Mensch und Tier in der emsigen Erntezeit vergessen haben. In der Nacht wird es schon recht frostig, und in vielen Regionen schneit es erstmals. Garten und Gärtner begeben sich zur wohlverdienten Winterruhe.

Die Früchte der Rose

Viele Jahrzehnte lang haben wir Rosen in unseren Gärten nur der Blüten wegen gepflanzt. Vergessen schien, dass die Menschen die

Selten finden sich Anfang des Monats noch vereinzelt Dahlienblüten.

Inhaltsstoffe der Hagebutten einst als wichtige Ergänzung des beschränkten winterlichen Obstvorrates sahen. 50-mal mehr Vitamine als die Zitrone und immerhin noch 19-mal mehr als die schwarze Johannisbeere enthalten die wertvollen Wildfrüchte. Nun kommt die Hagebutte wieder zu Ehren, Rosensträucher sollen nicht nur durch Blüten, sondern auch durch herbstlichen Schmuck bezaubern. Was Sie dazu beachten müssen: Nur ungefüllt blühende Sorten können Hagebutten entwickeln, und nur die einmalblühenden haben Zeit, sie auch richtig ausreifen zu lassen, ehe der Winter kommt. Wer Verblühtes wegschneidet, bringt sich damit auch um die späteren „Hetscherln" oder „Hetschepetsche", wie sie bei uns noch genannt werden.

Gesunder Sanddorn

Die Vitamin-C-reichen Früchte des Sanddorns (Hippophae rhamnoides) isst man frisch oder verarbeitet sie zu Marmelade und Kompott. Schon eine Handvoll frische Beeren oder ein Esslöffel Sanddorn-Mus täglich stärken das Immunsystem. Bei frostfreiem Boden kann man jetzt noch Sanddorn an einen sonnigen Platz pflanzen. Mit je einer männlichen und weiblichen Pflanze im Garten ist die Ernte gesichert.

Späte Asperlernte

Asperln oder Mispeln (Mespilus germanica) brauchen Minusgrade, um weich zu werden und ihr volles Aroma zu entwickeln. Die zierlichen Obstbäume erleben derzeit eine Renaissance. Sie zählen wie Apfel und Birne zum Kernobst. Mispeln lieben sonnige, windgeschützte Plätze und kalkhaltige Böden. Die Früchte werden nach Kälteeinwirkung rasch gepflückt, damit die Vögel sie nicht wegschnappen, und am besten auch frisch verarbeitet, etwa zu Kompott und Marmelade. Sie enthalten viel Vitamin A, B2 und Kalium sowie Fruchtzucker und Fruchtsäuren.

Zu den letzten Wildfrüchten im Jahr zählen die Mispeln.

Der Wurm ist drin

Und das ist gut so! Wer im Herbst einen allzu gründlichen Putz vermeidet, tut der Tierwelt Gutes. Der Regenwurm zum Beispiel demonstriert eindrucksvoll, was ihm das Laub bedeutet. Aufmerksame Beobachter können jetzt beim Gang durch den Garten Blätter oder Stängel sehen, die senkrecht in der Erde stecken. Hier sind Regenwürmer am Werk und ziehen die Pflanzenteile gerade als Wintervorrat in den Boden.

Holzasche auf den Kompost?

Alles, was nach dem Verheizen eines 10 bis 20 m hohen Baumes übrig bleibt, ist ein kleiner Aschehaufen, der viel Calcium, Kalium, Magnesium und andere Mineralien enthält. Jedoch nehmen Bäume auch unerwünschte Schwermetalle wie Blei und Cadmium auf. In der konzentrierten Asche kann dieser Anteil zu hoch sein. Wenn Sie die Herkunft des Brennholzes gut kennen, dann spricht nichts dagegen, die Asche auf den Kompost zu streuen.

Lagerbare Winteräpfel

Winteräpfel sind Sorten, die nach der Ernte im Herbst erst im Lager genussreif werden (ab November/Dezember) und lange haltbar bleiben.

- *Rote Sternrenette – Reifezeit: Oktober bis Jänner, rote, duftende Früchte; sehr robuste Sorte*
- *Ananasrenette – Reifezeit: Oktober bis Februar, Früchte klein, gelb, mit auffallenden Punkten, aromatisch süß-säuerlich; für frei stehende Spaliere empfehlenswert*
- *Berlepsch – Reifezeit: Oktober bis Februar; gelb-rote Früchte, knackig, süß-säuerlich, sehr aromatisch, nicht für raue, kalte Lagen geeignet*
- *Topaz: – Reifezeit: Oktober bis Februar, Früchte gelb-rot gestreift, angenehm süß-säuerlich, würzig; schorfresistent*

Rote Sternrenette

Ananasrenette

Berlepsch

Topaz

Kohlsprossen bleiben länger im Beet, sie werden durch Frosteinwirkung süßer.

Wintergemüse, die eiserne Küchenreserve

Im November gibt es nicht mehr viel Frisches aus dem Garten. Aber manches, wie etwa Kohlsprossen, wird dann erst richtig gut. Die Kälte bringt eine süße Note ins Kohlgemüse. Außerdem sind Kohlsprossen und Grünkohl durchaus dekorativ, wenn sie der erste Schnee mit kleinen Häubchen zudeckt. Lauch kann auch noch ein Weilchen draußen bleiben, sollte aber mit Tannenreisig abgedeckt werden. Und schließlich zählen Vogerlsalat und Winterspinat zur letzten eisernen Küchenreserve.

Der Fenchel hat's in sich

Schon im alten Ägypten kannte man Fenchel als Heilpflanze und Stärkungsmittel. Seine ätherischen Öle, die ihm den typischen Anisgeschmack verleihen, sind altbewährte Hausmittel gegen Magen-Darm-Beschwerden, Blähungen, Husten und Erkältung. Wer das Aroma des Gewürzfenchels schätzt, wird auch am fleischigen Gemüsefenchel Freude haben. Im Garten lässt er sich an einem sonnigen Platz, in nährstoffreichem, humosem Boden erfolgreich kultivieren. Bei späten Saaten bis August kann bis zu den ersten Frösten geerntet werden.

Bester Suppenkürbis

Die mittelgroßen Früchte des Hokkaidokürbisses haben einen unschlagbaren Vorteil: Sie können samt der Schale gekocht und weiterverarbeitet werden. Am besten lassen sich pürierte Suppen zubereiten, sie bekommen durch die Schale einen intensiven Orangeton und schmecken mit Obers und Kürbiskernöl verfeinert einfach köstlich.

Knollenziest bis ins Frühjahr

Erwischt der Frost die Blätter des Knollenziests (Stachys affinis), ist die Zeit der Ernte gekommen. Die unterirdischen Speicherorgane sehen aus wie dicke Perlenschnüre und sind nicht nur ein Gemüse für Liebhaber der asiatischen Küche. Die kleinen Knöllchen halten allerdings nicht lange und werden leicht braun. Deshalb gräbt man am besten immer nur so viele aus, wie auch verwertet werden. Den ganzen Winter lang lassen sie sich bei offenem Boden aus dem Garten holen und als alternative Beilage genießen.

Mini-Kohlköpfe fürs nächste Jahr

Bleibt der Kohl bis zum Frühling im Beet und ist der Winter ohne Fäulnis überstanden, bildet die Pflanze im März/April zahlreiche junge Blätter, die sich zu kleinen Rosen formen. Lassen Sie von diesen nur zwei bis drei stehen, damit aus ihnen kleine, aber feine Kohlköpfe werden. Geerntet wird vor der Blüte, die zarten Blätter schmecken dann sogar als Salat vorzüglich.

Wer Saatgut sammelt, sorgt für das nächste Gartenjahr vor.

Saatgut lagern

Samen sollten trocken, kühl (bei 0 bis 10° C) und dunkel gelagert werden, am besten im Keller, denn in Wohnräumen sind die Temperaturen immer höher. Sind Ihnen Samenvorräte aus dem Vorjahr übrig geblieben, dann bewahren Sie diese luftdicht verschlossen, z.B. in Marmelade- und Einmachgläsern, auf. Feines, selbst gesammeltes Saatgut sollte ebenfalls luftdicht gelagert werden. Früher galten die schwarzen Filmdöschen als ideale Behälter. Ein paar dazugemischte Reiskörner oder die kleinen

Kieselgel-Päckchen aus dem Schuhkarton entziehen der Luft die Feuchtigkeit und halten die Samen trocken und keimfähig.

Den Frost arbeiten lassen

Eigentlich ist Umstechen mittlerweile verpönt, will man doch das Bodenleben nicht durcheinanderbringen. Die Bodenlockerung erfolgt durch Rütteln mit der Grabgabel, Einbringen von Kompost und Säen von Gründüngungspflanzen. Doch lehmiger Boden verlangt anfangs nach dem Spaten. Und wer sich Schweiß und Mühe sparen möchte, macht sich die sogenannte Frostgare zunutze. Aus den groben Schollen im Herbst wird im Winter durch Frosteinwirkung feinkrümelige Erde.

Eine späte Bodenbearbeitung verhilft im Frühjahr zu einem schnellen Start.

Für den Winter abhärten

Abseits der genetisch definierten Winterhärte können Pflanzen dazu erzogen werden, mehr Kälte zu ertragen. Das Klima, in dem sie aufwachsen, sind sie gewöhnt. Es lohnt sich, Pflanzen in den Garten zu setzen, die in einer regionalen Baumschule in der Nähe aufgezogen wurden. Dabei spielen Klima und Boden eng zusammen. Wer im Walviertel lebt, braucht Gewächse, die besonders strenge Winter kennen. Im pannonischen Raum mögen zwar die Temperaturen milder sein, aber es kommt dafür öfter zu längeren Trockenperioden. Auch daran können sich Pflanzen anpassen, wenn sie unter genau diesen Bedingungen aufwuchsen.

Frisch gepflanzte Gehölze schützen

Junge Pflanzen sollten in den ersten Jahren geschützt werden. Haben heiklere Gesellen nämlich erst einmal die juvenile Phase überstanden, dann sind sie groß und stark genug, um auch sehr tiefen Temperaturen die Stirn zu bieten. Die Bitterorange (Poncirus trifoliata) ist ein gutes Beispiel dafür. Sie ist die einzige Zitrus-Vertreterin, die in den Garten gepflanzt werden kann. Trotzdem überleben junge Pflanzen oft nicht, wenn sie ungeschützt stehen. Es hilft, sie im Windschatten eines größeren Gehölzes zu pflanzen oder einzupacken.

Immergrün am Friedhof

Der Efeu (Hedera helix) mit seinen immergrünen, manchmal weiß oder gelb gezeichneten Blättern ist seit Jahrhunderten auch eine Symbolpflanze auf Friedhöfen und Gräbern. Er gilt dabei einerseits als Zeichen für das ewige Leben, andererseits steht er für Zuverlässigkeit und Treue, die sogar den Tod überwindet. Die schöne Geschichte dazu geht auf die Sage von Tristan und Isolde zurück, die sich trotz Verbot ineinander verliebten und diese unglückliche Liebe mit dem Tod bezahlten. Sie wurden rechts und links von der Kirche getrennt voneinander bestattet. Man pflanzte an beiden Gräbern einen Efeu, und die beiden Pflanzen wuchsen so hoch, dass sie das Kirchendach überrankten und sich dort miteinander verbanden. So waren die beiden Liebenden doch noch im Tode vereint.

Weihnachten kommt bald

Blühende Tulpen und Narzissen sind vorgetrieben im Handel erhältlich. Hyazinthen kann man auch selbst zur Blüte zu bringen. Dazu wird ein Hyazinthenglas mit Wasser gefüllt und die Hyazinthenzwiebel aufgelegt. Das Wasser darf an den Zwiebelboden nur heranreichen, ihn aber nicht berühren. Die Zwiebelspitze mit einem „Stanitzel“ aus starkem Papier abdunkeln, bis der Austrieb ca. 10 cm hoch ist. In einen kühlen Raum stellen und sobald sich Wurzeln gebildet haben in den warmen Wohnraum übersiedeln.

CHECKLISTE

Was im November noch zu tun ist

- *Kleine Wasserbecken und Teiche mit geringer Tiefe von ca. 60 cm können bei langen Frostphasen bis zum Grund frieren. Jetzt entleeren und vorhandene Wasserpflanzen im Keller überwintern!*
- *Den Rasenmäher von Gras- und Erdresten reinigen, den Benzintank entleeren; bei Bedarf Öl wechseln und die Messer schleifen lassen.*
- *Um Mangold über den Winter zu bringen, sollte man jetzt noch schnell anhäufeln – und zwar so hoch, dass die Blattstiele nicht mehr zu sehen sind. Zusätzlich mit Reisig abdecken.*
- *Werden Kartoffeln zwei Wochen bei 15° C vorgelagert, ehe sie in den Keller kommen, verkorkt die Schale, was später den Wasserverlust senkt. Der Lagerraum sollte kühl (4–12° C), dunkel und luftig sein.*
- *Schützen Sie die nützlichen Florfliegen! Zum Überwintern suchen sie auch Dachböden und Gartenhäuser auf.*

Über die Autorin

Veronika Schubert, 1969 in Wien geboren, ist selbstständige Gartenjournalistin und führt gemeinsam mit Elke Papouschek ein Redaktionsbüro für Publikationen zum schönsten Hobby der Welt. Beide schreiben für das Magazin *Servus in Stadt & Land.* Schubert hat das Gärtnern an der HBLFA für Gartenbau in Wien-Schönbrunn erlernt, arbeitete als Gartengestalterin und war für Zeitschriften- und Buchproduktionen rund um den Garten verantwortlich.

FSC www.fsc.org MIX Papier aus verantwortungsvollen Quellen FSC® C012536

 Gesetzt aus der Minion Pro sowie der BentonSans. Medieninhaber, Verleger und Herausgeber: Red Bull Media House GmbH, Oberst-Lepperdinger-Straße 11-15, 5071 Wals bei Salzburg, Österreich. Fotos: Thonig/Mauritius Images; S. 6: Simone Andress/fotografiert bei Gartenimpulse in Lindau; S. 9: Fotolia; S. 10/11: Mc Photo/Vario Images/Picturedesk; S. 12: Hilde Frey/Flora Press; S. 15: Marcus Harpur/The Garden Collection/Flora Press; S. 16: GWI/Flora Press; S. 17: Christine Ann/Flora Press; S. 19: Elisabeth Schmidbauer/Mauritius Images; S. 20: Alamy/Mauritius Images; S. 23: Kramp + Gölling/Flora Press; S. 24: Derek St. Romaine/The Garden Collection/Flora Press; S. 27: Science Photo Library/Picturedesk; S. 28: Marina Raith/Mauritius Images; S. 29/30: Christa Brand; S. 32: Helga Noack/Flora Press; S. 35: Alamy/Mauritius Images; S. 36: Martin Hughes-Jones/Flora Press; S. 37: John Glover/The Garden Collection/Flora Press; S. 38: Daniela Kunze/Flora Press; S. 41: Fotolia; S. 42: Alamy/Mauritius Images; S. 43: Shutterstock; S. 45 Bildagentur Beck /Flora Press; S. 48/49 Markus Gann/Fotolia; S. 50: Daniela Kunze/Flora Press; S. 53: Werner Layer/Mauritius Images; S. 55: Mauritius Images; S 56 Johner/Mauritius Images; S. 59: Mint Images/Flora Press; S. 60 Alamy/Mauritius Images; Vorsatz: image Broker/bilwiss-edition/Mauritius Images, Florilegius/Flora Press, DEA picture library/United Archives/Picturedesk, Alamy/Mauritius Images (2), die Kleinert/Mauritius Images. Druck: Druckerei Theiss; Umschlaggestaltung: Conny Laue; Umschlagsabbildung: Cover: Bernd Römmelt/Mauritius Images; Backcover: Botanical Images/Geoff Kidd/Flora Press

Printed in Austria
ISBN 978-3-7104-0026-1

1 2 3 4 5 6 7 8 / 18 17 16 15